ぼくたちの場所

写真 たまねぎ　絵・文 菊田まりこ

だいすき　が

だいすき　が

つまってる

ぼくたちの　ものがたり

Hello!

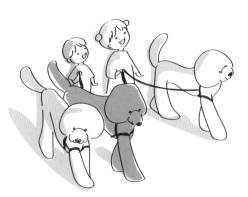

岳 (がっくん)

スタンダードプードル
（♂,4歳,白）。末っ
子気質で、くぅさんと
りっくんが大好き。

陸 (りっくん)

スタンダードプードル
（♂,12歳,白）。率先
して子守りをしてくれ
る。くぅさんが大好き。

むぎくん (むーむ)

元気いっぱいなおと
この子。3歳。まめ
ちゃんの弟。やんちゃ
で毎日みんなを振り
回している。

まめちゃん

元気でやさしいおん
なの子。5歳。生ま
れたときからワンコと
育ち、自分もワンコと
思っているかも!?

空 (くぅさん)

スタンダードプードル
（♂,14歳,黒）。い
つも家族を見守って
くれるダンディでやさ
しい兄貴。

…… みんなに
ないしょだよ？

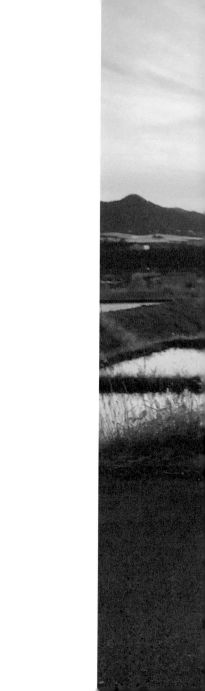

○
。°
　°

ＺＺＺＺ… 。

いちばん星
みーつけた。

ぼくたちの場所

え・ぶん　　菊田 まりこ

それは、ある日の　午後。空から　きこえた　お話。

「ねえ、空さん」
「なんだい。ふわふわ雲の　ふわふわくん」

「ぼく、空さんの　そばで　のんびり　ふわふわと
うかんでいるのも　すきなんだけどさ‥‥」
と、ふわふわくん。

「わたしも、こうして　きみと
のんびりしている　じかんが　すきですよ」
と、空さん。

「でも、ぼくね‥‥あのね‥‥」

「おもいきって、大地に おりることにしたの！ サヨナラ！」

とつぜん、ふわふわくんは そういって
大地へ おりようとしました。

「ちょ！ ちょっとまって！ どうしてだい？」
空さんは、あわてて ふわふわくんを ひきとめます。

「ぼくは‥‥ここでは　経験できないことをしたいんだ」
ふわふわくんは いいました。

「ここでは　経験できないこと‥‥？」
空さんが、ききかえします。

———————— たとえばね、

はしる、とか。

およぐ、とか。

ハグする、とか。

それって、
どんな きもち？

大地のうえ に ころがって、土や 草や 花のかおり が、
　　　　　　　どんなかって ことも しりたい。

ケンカして 泣いたり、
なかなおりして 笑いあったり。

そうして1日の おわりには
だれかの ぬくもりの そばで 夢をみる。

———————— そんなことを　してみたいんだ。

「なるほど‥‥すべて　大地に　おりて
カラダを　もたないと、経験できない　ことだね」

　いつも　大地のようすを　ながめている　空さんです。
じつのところ、そのきもちは、とても　よく　わかりました。

「よし！ きめた」 と、空さん。

「それ、わたしも のった！」
「えっ、どういうこと？」と、ふわふわくん。

「つまり、きみと いっしょに
いろんなことを 経験したい ってことさ」
空さんが にっこり 笑います。

「それって、空さんが 空から いなくなっちゃうってこと！？」

「ないしょだけど、空のカケラを 大地に おろすことは できるのさ。
‥‥今まで、したことないけどね！ えっへん」

「よし！ 大地にいこう」

そうときまれば、がぜん ワクワクしてきた ようす。
大地で やりたいことの 話を たくさんしました。

夜のおわりが ちかづいてきたころ、空さんが いいます。

「みんなが ねている あいだに、さきにいくよ。‥‥いざ！」

「空さーん！ おいかけるから、まっててねー！」

その夜、空のカケラが、大地に おりました。

そうして、やってきたのが、
空（くぅさん）です。

なんと、かわいい すがたを えらびましたね。
大地に おりる、と きめた とき の
空の色を まとって やってきたようです。

夜が おわるころの おだやかな色。

まもなく　やってきた　ふわふわくん。
陸（りっくん）と　名づけられました。

大地を　あらわす　その　なまえは
ふわふわくん　の　おきにいり。

空さんに　にせた　かわいいすがたで
色は‥‥ふわふわ雲　だったときの　まま、まっしろですね。

やがて　2匹の　もとに
まめちゃん　という　おんなの子が　やってきます。

まめちゃんも、きっと　いろんなことを　経験したくて
大地に　やってきたのでしょうね。

まいにちが、どんどん　にぎやかに　なっていきます。

そのようすを　空から　うらやましく　おもい
「ぼくもー！」と、やってきた、
ふわふわ雲 なかまの、岳（がっくん）。

「ぼくもー！ なかまに いれてー！」
元気いっぱいに　やってきた　おとこの子、むーむ。

ここは、たくさんの　だいすきに　出会う場所。

たくさんの　だいすきを　創りだす場所。

ここは、ぼくたちの場所。

─────────── ここにきて　よかった。

それは、ある日の　午後。　大地のうえ　から　きこえた　お話。

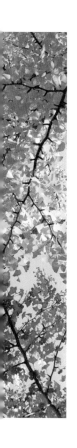

これ、なーんだ？

どんぐり、ていうの。

きょうも たのしい
1日 でした。

きっと、あした も あさっても。

あとがき

『ぼくたちの場所』というタイトルを見ただけで泣いてしまった私。

東日本大震災で被災したことがきっかけで、長年住んだ家を離れ、くぅさんとりっくん、
そしてバラバラに住んでいた家族みんなが集まって一緒に暮らすこととなりました。

家族みんなで力を合わせて暮らしている中、家族がひとり、またひとりと増えていきました。
家族が増えるたび、家の中がどんどん笑顔でいっぱいになりました。
笑顔ではじまり、そして１日のおわりは
心地よいもふもふの体温を感じながら笑顔で眠りにつく。
まさしくここは、『ぼくたちの場所』でした。

" ここは、たくさんの だいすきに 出会う場所 "

" たくさんの だいすきを 創りだす場所 "

" ここは、ぼくたちの場所 "

たくさんの"だいすき"と、たくさんの笑顔がいっぱいの"ここ"。
ずっと大好きだった菊田まりこさんにこの物語を創っていただけたのも
"ここ"があってのご縁だと思います。
きっと世の中は、こうしたたくさんの"だいすき"で繋がっているのでしょう。

この本を手にとってくださったみなさまと"だいすき"で繋がれたこと、とても嬉しいです。
この本がみなさまのもうひとつの『ぼくたちの場所』になっていただけたら幸いです。

この本に出会わせてくださったワニブックスの青柳有紀さん、田中悠香さん、
デザイナーの渡邉綾子さん、そして素敵な本を創ってくださった菊田まりこさんに、
心から感謝いたします。

たまねぎ

デザイン　COSTA MESSA
DTP　　　株式会社明昌堂
校正　　　麦秋新社
編集　　　青柳有紀、田中悠香（ワニブックス）

ぼくたちの場所

写真　たまねぎ　絵・文　菊田まりこ

2021年9月30日　初版発行

発行者　横内正昭
発行所　株式会社ワニブックス
　　　　〒150-8482
　　　　東京都渋谷区恵比寿4-4-9　えびす大黒ビル
電話　　03-5449-2711（代表）
　　　　03-5449-2716（編集部）
ワニブックスHP　http://www.wani.co.jp/
WANI BOOKOUT　http://www.wanibookout.com/

印刷所　凸版印刷株式会社
製本所　ナショナル製本